山东海草房

李洁　陈晓红⊙编著

SPM 南方出版传媒
全国优秀出版社　全国百佳图书出版单位　广东教育出版社
·广州·

图书在版编目（CIP）数据

山东海草房／李洁，陈晓红编著．—广州：广东教育出版社，2017.8

（写给孩子的中国建筑／李洁，陈晓红主编）

ISBN 978-7-5548-1916-6

Ⅰ．①山… Ⅱ．①李… ②陈… Ⅲ．①民居—山东—儿童读物 Ⅳ．①TU241.5-49

中国版本图书馆CIP数据核字（2017）第197454号

项目策划：陈晓红
责任编辑：尚于力　姚　勇　马曼曼　沈淑鑫
责任技编：佟长缨　刘莉敏
装帧设计：黎国泰
插　　图：劳馨莹　张　鑫

山东海草房
SHANDONG HAICAOFANG

广东教育出版社出版
（广州市环市东路472号12-15楼）
邮政编码：510075
网址：http://www.gjs.cn
广东新华发行集团股份有限公司经销
深圳市建融印刷包装有限公司印刷
（深圳市罗湖区梨园路607号2-4楼）
890毫米×1240毫米　32开本　1.25印张　30 000字
2017年8月第1版　2017年8月第1次印刷
ISBN 978-7-5548-1916-6
定价：18.00元
质量监督电话：020-87613102　邮箱：gjs-quality@gdpg.com.cn
购书咨询电话：020-87615809

目录

海草房是中国具有代表性的生态民居之一。它起源于新石器时代，是山东的特色民居，主要分布在胶东半岛与辽东半岛沿海地区。海草房简单而朴素，在高远的蓝天下，形成了一幅独特的画卷。迎着习习的海风，漫步在海草房之间，我们可以领略到山东人民别具一格的建筑技艺，以及胶东地区历史悠久的渔业文化。

海草房是什么样子的呢

海草房古朴厚拙，是胶东建筑艺术的体现。

童话般的海草房

顾名思义，海草房就是用海草做成的房子——海草作为屋顶，石块（部分辅以青砖）作为墙体，造型独特，别具一格。

传统的海草房外墙大多以大块的天然石头砌成，石材不追求整齐方正，而是随性自然，以其自身的形状和纹理作为装饰，但是有些讲究的人家会在石块表面雕琢出木叶或元宝纹饰，给人粗犷而不粗糙的感觉。

同内陆地区的民居相比，海草房的屋顶斜度较大，屋面较高，屋脊呈现出两端翘中间凹陷的特殊形态，好似一个马鞍，与蓝天碧海相映成趣。

远远看去，在水天交接的地方，点缀着几间小巧的海草房，它们以石为墙、海草为顶，毛茸茸的，宛如童话世界中的小房子。

海草房的布局

当一户人家有很多间房子的时候，他们会用院子将房子组织起来。而这些房子会沿着一条轴线在几个相连的院子中逐渐展开，例如北京的四合院。胶东半岛沿海地区特殊的地理人文环境，使海草房民居采用了更加灵活的组织方式来适应各种条件。

海草房的平面图一般比较简单，多为正厢院、两合院或三合院，完整的四合院比较少见，且房间都比较小。正房一般只有三个房间，正中间的称为“明间”，两旁的称为“次间”。

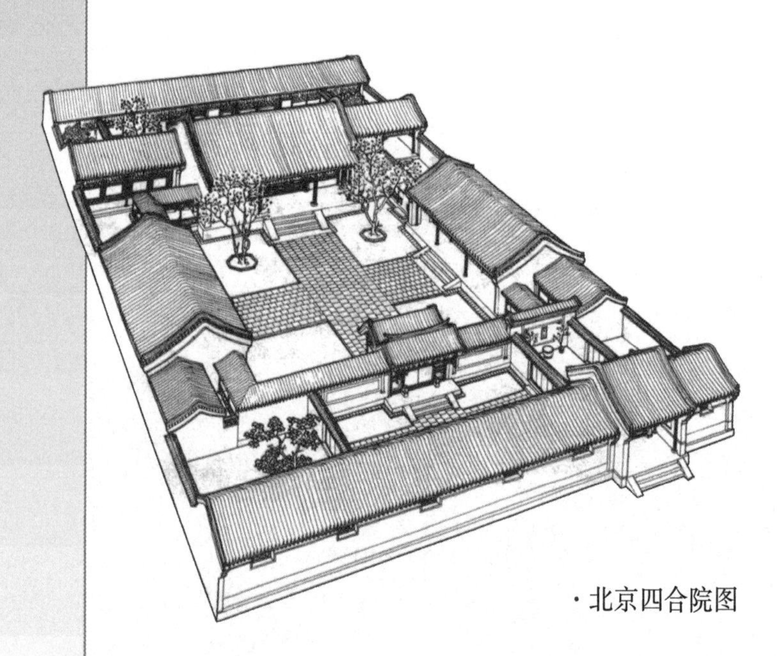

· 北京四合院图

四合院由正房、东西两侧的厢房和倒座组成：正房是一家人生活的主要地方，明间较宽，它的东西两侧各有一个灶台，是厨房，称为“灶间”。卧室设置在次间，做饭时的烟带着余热，通过设在靠墙的烟道给次间的火炕供暖，最后从烟囱排出，十分节能环保。东、西厢房一般有三个房间；倒座的东边是宅院的正门。三合院有正房、厢房而无倒座。

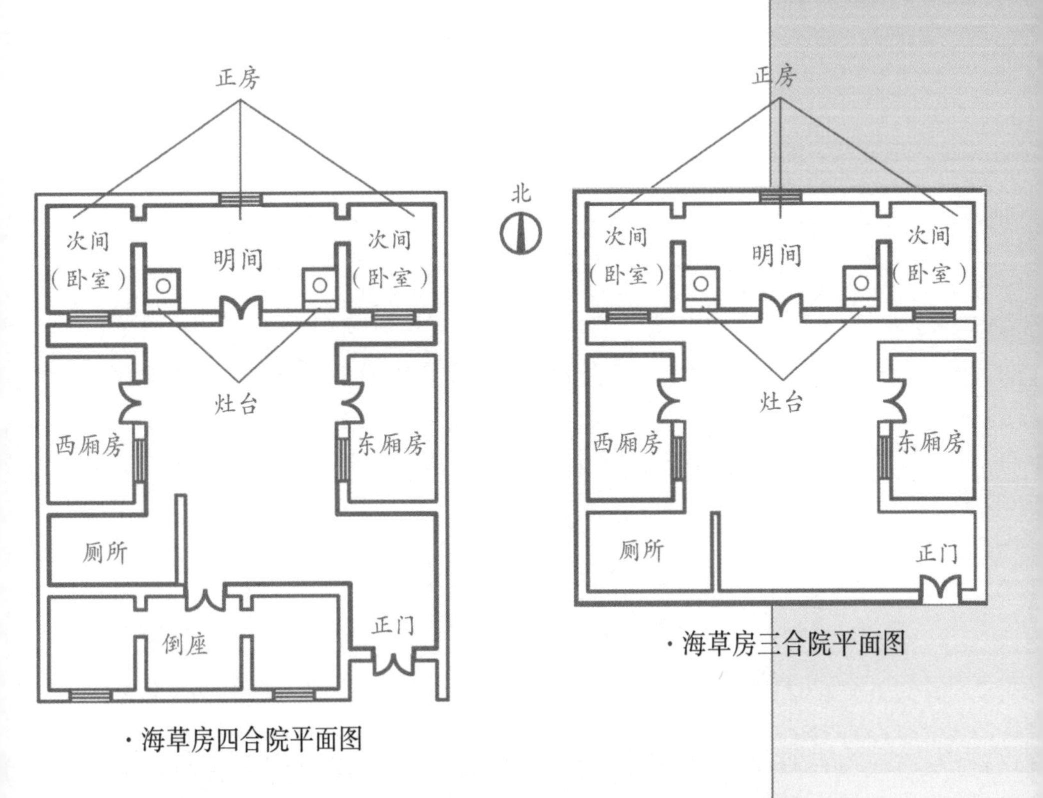

·海草房四合院平面图

·海草房三合院平面图

在山东威海东楮岛村流传着一句俗语：“东南大门西南圈，进门东屋就做饭，北屋住房不用看。”

“东南大门西南圈”是指海草房院落的门楼大多数都修在东南方向。这个“圈”指的是猪圈、羊圈、牛圈等。养殖家畜和厕所的地方在西南方。过去，老百姓喜欢将厕所和猪圈连在一起，人粪尿与猪粪尿合在一起，填上泥土，便是庄稼的好肥料。庄稼人所说的“没有粪土臭，哪来五谷香”的道理正源于此。另外，在“八卦”中，东南为“巽”位，主生，最为吉利，大门建在这个方位，家庭人丁兴旺。而“进门东屋就做饭”是指厨房一般设置在紧挨着大门的东厢房；最后，“北屋住房不用看”则是指卧室在北面。东楮岛村的海草房布局正是这样子的。

大门与正房门不能在一条直线上，要错开一段距离。如果大门对着正房的窗户，或者进门冲着墙角的，则要在进门迎面处建一座照壁。照壁上半部为浅底方盘，中间写“寿”字或“福”字，寓意家人“福寿安康”。这样做一方面可以防止外人窥视家中财富；另一方面能挡住家中财富不外流。这种建筑模式，反映了当地人既要显示自家富有，又“怕露富”的矛盾心理。

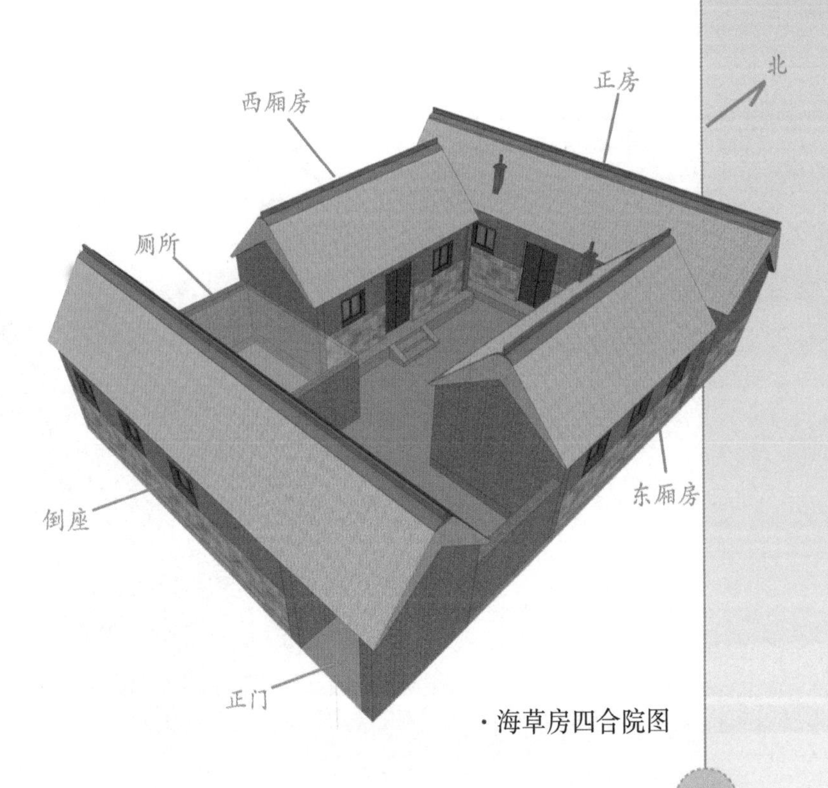

· 海草房四合院图

海草房是怎样建起来的

海草房的结构分为三部分：墙、屋架和屋顶。房子两端的墙体外形像山，一般称为“山墙”，它支撑着近似等边三角形的木屋架，屋架支撑着屋顶。

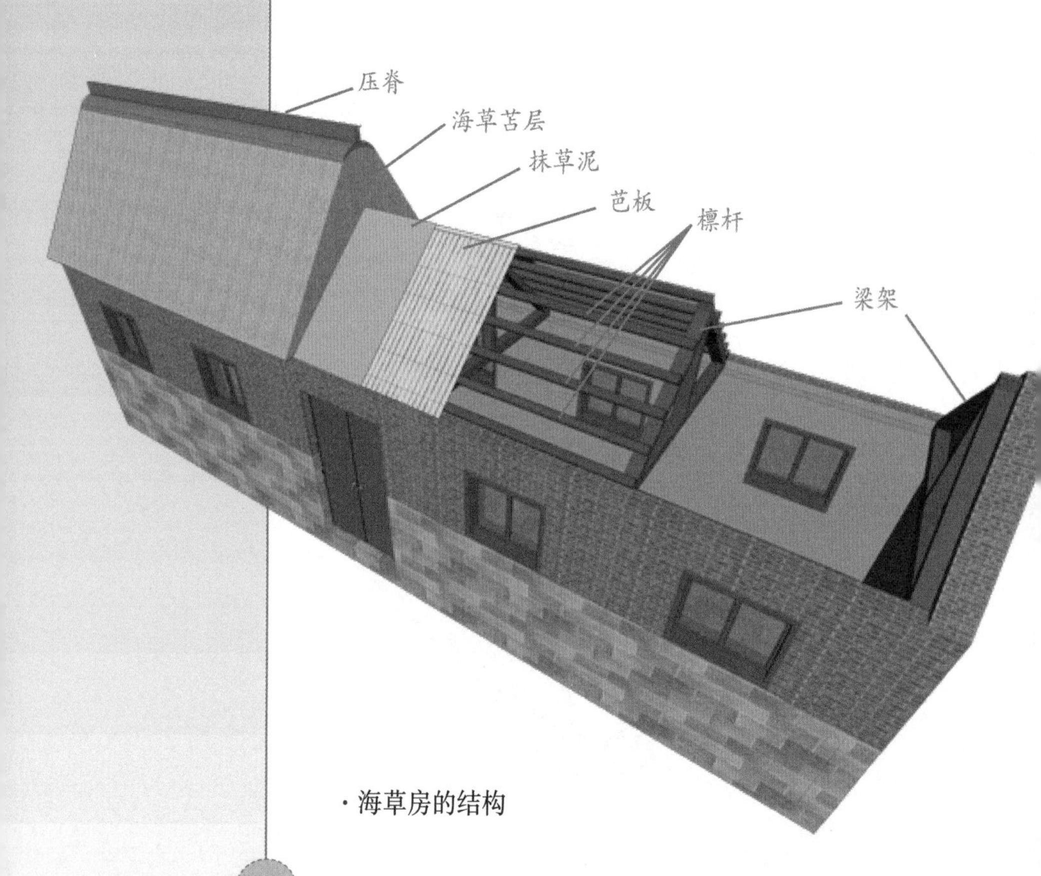

· 海草房的结构

· 接山

砌山墙

山东荣成地区海草房群有种特有的组合形式，即相邻的两家人共用一面山墙，中间不留空隙，称之为“接山”。

十几间房屋以接山的方式连靠在一起，就是村民讲的“一溜房”“一趟房”。沿海居民以出海捕鱼为生，同在一艘船上需要团结一致才能克服困难，久而久之，村里便出现了结伴出海和结伴居住的习惯，因此当地将“接山”视作团结的象征。

除此之外，“接山”还可以增强建筑群的整体性，有利于抵抗沿海地区猛烈的海风。

搭屋架

海草房的屋架将整个屋顶的压力分解至墙体，起到承上启下的作用。

屋顶的海草层层相叠，最多有 20~30 层，每层厚度可达十几厘米，整个屋面庞大而厚重，需要屋架稳定地支撑上千斤的重量。用木材做的三角形构架叫作“八字梁”，简单稳定，能有效地将压力均匀分解传递到砖石墙体上，支撑起海草房高耸浑圆的屋面。

“上梁”即为梁的摆放。按梁本身的木材直径，一般大头在北，小头在南。三角形框架要与山墙或内壁的三角形相对应，顺合整齐，不能扭向，也不能高低不平，否则会影响房屋的牢固性。

“安仁”就是安放脊仁。把正间的脊仁用绳子系好两头，徐徐向上拉起，拉到了房顶后再由木匠将榫卯对齐安装好。

“梁”上得是否顺合，“仁”安得是否平整，关系到整个海草房建筑的稳定性，并直接影响其他工序的进行。

“上梁”“安仁”仪式

“上梁”“安仁”是海草房建造过程中最重要的一道工序，其仪式十分隆重。建房的东家要按照事先选择好的“良辰吉日”，请先生写好“喜帖”。在条形的大红纸上分别写“上梁大吉”“某年某月某日吉建”等内容贴在梁上。另外，东家还要准备安仁的“喜彩”。用一幅红布对折成双行，用一双红竹筷子夹住，再用两个古铜钱钉在正间的脊仁中央。有的东家上梁时，还要“挂升”，即在梁上系上装满饽饽、红枣、花生、发糕的“升”。随着“上梁”的

号令，工匠们相互配合，将系有“升”的梁缓缓升起。梁固定后，由木匠斩断“挂升”的绳子，“升”中的物品落下，任旁观者拿。“挂升”意味着东家的日子越来越好，步步高升，同时又不忘父老乡亲。

梁和檩杆都安装固定好后，把正间的脊仁用绳子系好两头，红彩下面挂鞭炮，点燃后徐徐向上拉起，“掌尺（工匠中技术高、组织能力强的人）”也即兴编唱“喜歌”。鞭炮响完了，脊仁也拉到了房顶，然后再由木匠将榫卯对齐安装好。“安仁”结束后，东家要摆好茶水、香烟、点心等东西招待木匠和帮工们，还要祭拜屋神，保佑全家平安。祭拜结束，东家招呼左邻右舍和帮工的乡亲们饮酒助兴，共同庆贺工程完工。

铺屋顶

海草不是简简单单就能铺成屋顶的。海草屋顶全部要靠手工铺设完成，很考验工匠的技艺。搭建海草房屋顶的方法被称作“苫作工艺”。通常情况下，一个房顶需要数万斤海草，一个工匠苫一个海草房顶需要一个多月的时间。

苫匠根据自身的身材，亲自制作脚手架。整个房顶需要用的海草和贝草（一种很结实的山草）都由苫匠亲自把关，不用称，不用量，凭着苫匠多年的苫房经验、过人的眼力来审料。通过苫匠的审料，不仅要保证“料尽顶成”，而且海草和贝草还不能有剩余。若是看走了眼，料少延误了工期，或

是料多没有用完，东家就会认为不吉利，更是砸了苫匠的饭碗。

海草房顶需要苫四层，最底层是山草，上面铺设海草，然后是麦秸草，最外面一层是山草、海草、麦秸草的混合物。海草要从两边向屋脊铺设，逐渐向上加厚，脊部两端的海草要高于中央。最上面用加了泥的海草压顶，使屋脊形成一条明显的曲线。

在海边或岛上的渔村，渔民们把破旧的渔网罩于草顶上，可以起到防风、防鸟、防盗的作用，同时也使海草房更富渔家特色。

海草房这种铺屋顶的方式为厚铺式，是一种立体的铺设方式，材料之间的交接部分较长，适用于北方寒冷地区。另一种屋顶铺设方式为草排式，适用于热带地区。

·东南亚草排式屋顶

不同地区厚铺式屋顶的区别

同样是厚铺式屋顶，北欧国家的芦苇屋和日本的合掌造民居采用的是芦苇、秸秆等质地较硬的植物材料，铺设时需要绑扎于屋顶上，挺拔整齐；而胶东地区的海草房采用的则是质地轻软的海草，海草本身含有一种“胶质”，它就像胶水一样，将整个屋顶粘成一个整体，不用绑扎，整个屋顶显得蓬松圆滑。

· 日本合掌造民居

· 丹麦芦苇屋

· 海石墙体

石头的身子，毛茸茸的脑袋

海石墙体

海草房的墙体材料具有显著的沿海地区特征。早期，当地居民就地取材，大多用岩石砌筑墙体，慢慢地，人们用料越来越讲究，用统一标准的料石一层一层向上砌，窗台以上用砖砌筑。再后来就逐渐出现了全砖墙体，更显精致清秀。

石墙厚达 40~50 厘米，夏季的炎热和冬季的寒风都不容易透进来，冬暖夏凉。

松木屋架

海草房厚重的屋顶完全依靠三角形的木屋架支撑，因此木屋架的选材非常重要。传统海草房的木屋架大多采用产自东北的松木原料，一是因为松木截面大、跨度长，适合用来制作建筑的承重结构，二是它适应胶东地区干燥寒冷的气候条件，不会开裂。

门的尺寸和选材的禁忌

在海草房的建筑过程中，当地居民对门的尺寸数字和木料种类等有一些忌讳。他们认为门的净高不能是五尺，因“五”的谐音同“捂”，门以五尺为高

就意味着把主人“捂住了”“捂死了”，不吉利。

另外还有一种说法，封建时期，当地居民视门风如命，宁可受穷，也不能破了门风。“五尺”与当地方言“无耻”谐音，门长“五尺”，可能会坏了家族的门风，所以不可取整整五尺之数。

另外，当地还流传着“头不顶榆，脚不踩槐”的说法。榆木的“榆”与“愚蠢”的“愚”字谐音。门过木在人们头部上方，若用榆木做门过木，就寓意着从门下过的人头脑愚蠢，不会有什么作为。当地人称走好运为“走字”，“槐”字谐音同“坏”。门槛在人脚下，若用槐木做门槛就意味着天天走“坏”字，走背字，时运不济。最好的选择就是用椿木做门过木，榆木做门槛，寓意着家人有出息，脚下步步有余，日子越来越富裕。

·海草房屋顶的主要材料——大叶藻

海草屋顶

海草房最引人注目的地方，要算它那虎头虎脑的屋顶了。

晾晒后的海草十分蓬松，就像小孩子柔软的头发。把海草堆成一个个草垛，待到盖房子的时候，就可以用上了。这种海草盖的屋顶已经有了很长的历史，非常具有地方特色。

天生的建房材料

海草是在浅海生长的野生藻类植物，很适宜在5~10米深的海域里生长。海草春荣秋枯，春天里开始发芽生长，经过夏天充沛阳光的照射，长势大都非常茂盛，粗壮密实，草质坚硬，韧性好。每当秋冬来临之际，海草枯萎，再加上风吹浪打，大多数海草被推到岸边。这时候，卷来的海草便会被沿海居民拉上岸，经过风吹日晒，晒干后被运到家里，不仅可以用来烧火做饭，囤积起来还可以用作盖房。晒干后的海草逐渐变白、变灰，最终成为褐色，非常结实，还有大量的卤和胶质，把它苫成厚厚的房顶，持久耐腐，防漏吸潮。

别看海草长得普通，其实它有许多优点：由于海草含有大量的胶质，在使用过程中逐渐胶结，成为一个松软而又坚实的整体，使屋顶具有很好的保温隔热效果，并且防风防雨；海草与内陆常用的茅草、秸秆材料不同，它能够防腐、防虫蛀，并且不易燃烧，点燃后有烟但无明火；另外相对于烧制瓦片，过去海草的获得几乎不费任何代价，因而深受当地居民的喜爱。

海草房为什么是这个样子的呢

源远流长的历史

据资料记载，新石器时代胶东半岛已有先民们依海而居，依靠渔猎收获来生存，利用当地盛产的海草晒干后筑巢而居。

20世纪80年代，长岛县大黑山岛北庄遗址考古发掘出了新石器时期的聚落遗址。据推断，其中的半地穴房屋也许就是海草房最早的雏形。

战国时代，胶东半岛的人口逐渐增多。渔盐生产形成一定规模，许多盐民来胶东境内落户，海草房增多。

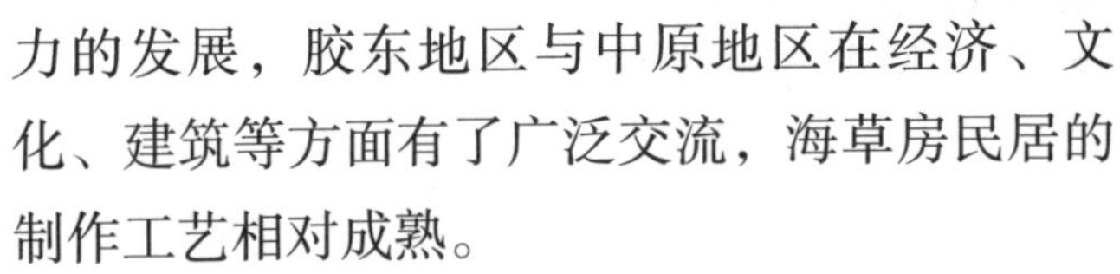

从秦汉之后到宋金之前的这段时间，随着生产力的发展，胶东地区与中原地区在经济、文化、建筑等方面有了广泛交流，海草房民居的制作工艺相对成熟。

据资料记载，山东威海荣成涝滩子村发现了600 多年前元至正二年（1342 年）的海草房梁木，巍巍村也出土了700年前的石碑，有"元朝大德年间，曲氏祖敬先由今牟平县徙此定居成村"的记述。

元、明、清之后，海草房成为当地人居住的首选。1840 年修撰的《荣成县志》中有记载："是中罕见瓦房，砌以石头，覆以茅，苫以海草，仅敝风雨，而内外之辩较然。"

中华人民共和国成立后，海草房在当地的民居中占很大比例，同时，房屋的材料也与时俱进，墙体由石材转变为砖材，房子变大了，屋顶的坡度更陡了，室内更加宽敞明亮了。当时，一栋高高大大的海草房是身份财富的象征。据荣成俚岛镇的一位老苫匠讲述，“以前这里都是海草房，哪个青年有个海草房就好说媳妇，没有海草房就不行，有个海草房这一辈子就满足了”。

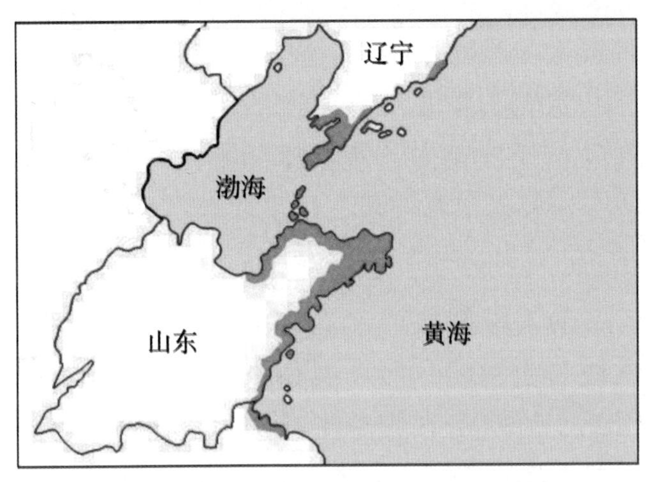

· 20世纪末海草房主要分布图（绿色区域）

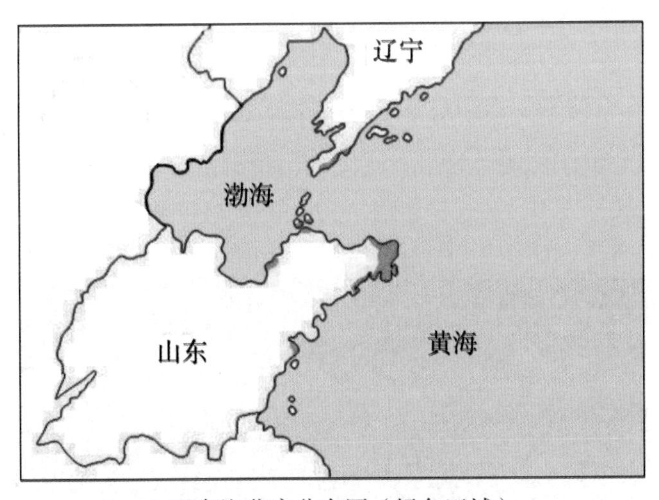

· 现存海草房分布图（绿色区域）

改革开放后，人们的经济条件有了极大改善，以砖瓦房为主的现代新民居成为主流，海草房逐渐减少。

天地人，缺一不可

我们人类既没有厚实的皮毛，也没有锋利的爪牙，我们一直需要的都是一个藏身之所——躲避风霜雪露，躲避日晒雨淋，躲避残暴而危险的动物。

为了得到这样一个避难所，人们需要积极地与当地的自然环境相适应，因地制宜。因此，海草房在胶东半岛的大规模出现成为必然。

天

胶东半岛处于山东沿海地带，属温带季风气候，四季分明，夏天多雨潮湿，冬天寒冷干燥，为当地居民的生活带来诸多困扰。当地人

为了适应环境，从而造出了海草房。

海草屋顶既可以承受四季不断的强烈海风，又有利于排走雨水。当冬天积雪融化后，雪水可以顺着三角形屋顶迅速地向下流去，减轻积雪对房子的压力；夏天的雨水顺势而下，不会漏入屋内。厚重的墙体吸热慢，散热也慢，可调节昼夜温差，使室内冬暖夏凉，适宜居住。

地

胶东半岛地处山东省东部，是中华古老文明发祥地之一，几千年前已有先民定居于此，其文明程度不亚于山东沿黄河区域。

胶东地区土地肥沃，与优越的气候条件相结合，非常适宜农作物和果树的生长。胶东地区周边海域辽阔，水质肥沃，是多种水生生物繁衍生息的场所，海洋资源十分丰富，为居民提供了良好的生存条件。

胶东地区的浅海滩涂有利于海草的繁衍，为当地海草房的形成和发展提供了天然的环境条件。另外，海草房的墙体材料花岗岩也可以就地取材。

胶东半岛北临渤海，东南临黄海，海岸线蜿蜒曲折，地理位置十分优越，是华北沿海贸易、军事良港的集中地区。

早在新石器时代，胶东沿海地区的居民就已经开始出海捕捞。

唐、宋、元时期，随着海上航运的经贸往来，造船技术的进步和航海技术的提高，胶东地区的海外贸易日益繁荣，居民逐渐增多，人们长期居住在此，形成了我们现在所能看到的海草房群。

海草房为什么会出现在这里呢

海草生长在低潮带碎石地、沙地、泥中，需要阳光照射。它们多生长在透明度高的海域中，对海水的质量要求很高，所以我国的海草主要分布在辽宁、河北、山东等省沿海海域，而海水比较浑浊的江浙一带因为没有原材料，则没有海草房的出现。

除了丰富的资源，获取资源的方法也是影响海草房分布的原因。在生产力低下的渔农时代，沿海的居民依靠台风来收获海草，尤其是胶东半岛沿海属于台风多发区，秋季台风将大量的海草推到岸边，当地居民就会去收集这些海草来盖房子。而渤海是我国的内海，三面都是陆地，风速普遍较小，当地居民自然无法轻易地从海洋中获取海草。

人

海草房所使用材料的最大特点就是经济，过去生产力不发达，普通老百姓的经济能力很低，所以建造房屋只能利用当地所产的海草和石头，这样既经济、环保，又恰到好处地造就出当地自然质朴的独特建筑风格。

胶东居民以海为生，使海洋文化成为胶东地域文化的主要组成部分，在建筑装饰中处处可见海洋文化的影子。

海草房的装饰题材

沿海的远古先民以渔猎为生，自然对鱼类产生敬畏，进而转化为图腾崇拜。后经过部落迁徙与各民族间的文化融合渗透，转而成为龙图腾崇拜。因此，胶东民居的装饰题材以龙、鱼为主。建筑物的屋脊常饰以鱼形纹，活泼生动，使屋脊轮廓线异常丰富，成为胶东传统民居海洋文化风貌的突出特征。此外，鱼、虾、龟、蟹等水生动物，以及海带、水草等水生植物，也是室内装饰中经常使用的题材。

文化的缩影

海草房地域风俗

胶东的海草房承载着当地的风俗文化。据当地居民讲，在建造海草房之前，要选好位置和动工日期。盖房子时，在房子四个角的底部要压上元宝或象征元宝的东西，叫作“压宝”，以求富裕、吉祥。在这一天还要煮一锅饺子吃，饺子也同元宝一样，充满了吉祥与喜庆。海草房建成后，要举行“支锅”“祭祀”“拉席上炕”“糊窗”“贴窗花”等一系列活动。所有这些都是胶东风土人情的缩影。

住在海草房里，与大自然是这样的相亲相近，清代诗人曾有描绘：“高树悬鱼网，低墙隔菜园。人家烟火起，寂寞又黄昏。”细细品味，古老的历史、特色的民俗文化都在这厚重的海草房里，久久沉淀。

渔民吃鱼的小禁忌

说起海草房，我们不得不提到居住在里面的渔民。这些渔民世世代代以打鱼为生，渔业发展的过程中逐渐形成了独有的渔业习俗。渔民的生活禁忌较多，例如，“翻”字是渔民的大忌，吃鱼时不说“翻”过来，应该说“划”过来，也忌用筷子将鱼翻过来；鱼也不能用刀切断，必须似断仍连；等等。

海神文化

对于靠海吃饭的渔民来说，海是变幻莫测的，每次出海都冒着生命危险。当自然界强大的力量超出了人的认知，人们就开始寻求能够保佑他们的强大神灵。起初，人们认为海里住着龙王，龙王出水的时候才会狂风大作、巨浪翻滚，人们为了安抚龙王，每年会送给龙王一些贡品。后来，北方沿海渔民开始信奉海神娘娘，荣成地区称之为归山娘娘，也就是南方渔民供奉的妈祖娘娘。海神作为保佑渔民出海平安的神灵，是渔民主要的心灵寄托。据史料记载，海神娘娘确有其人，曾有一位勇敢的女子为救他人，被狂风巨浪卷入海中，英勇献身。渔民为了纪念她，建立供奉她塑像的天后宫，每次出海前都来庙里祈求平安。于是，海神娘娘逐渐代替了人们对龙王的敬仰，形成了拜海神娘娘的海神文化。

画里的海草房

1979年，我国著名画家吴冠中在荣成为海草房写生之后，留下不少精彩的赞美文字：“那松软的草质感，调和了坚硬的石头，又令房顶略具缓缓的弧线身段。有的人家将废渔网套在草顶上，大概是防风吧，仿佛妇女的发网，却也添几分俏丽。看一眼那渔家院子，立即给你方稳、厚重的感觉。大块石头砌成粗犷的墙，选材时随方就圆，因之墙面纹样规则中还具灵活性，寓朴于美，谱出了方、圆、横、斜、大、小、曲、直石头的交响乐。三角形的大山墙，在方形院子的整体基调中画出了丰富的几何形变化，它肩负着房盖上外覆的一层厚厚的草顶。”